FABRIQUES
DES ÉGLISES

LE DÉCRET DU 27 MARS 1893

Extrait du journal *Le Monde*
N° du 4 septembre 1893

PARIS

F. LEVÉ, IMPRIMEUR DE L'ARCHEVÊCHÉ

17, RUE CASSETTE

FABRIQUES DES EGLISES

LE DÉCRET DU 27 MARS 1893

Extrait du journal *Le Monde*
n° du 4 septembre 1893

L'Église est une véritable société,
avec sa hiérarchie, ses règles, son administration. Distincte de la société séculière, qui ne lui a conféré aucun de ses
droits essentiels, elle a cependant avec
cette même société des rapports néces-
saires ; elle a, en outre, vis-à-vis d'elle,
des obligations d'ordre civil, par exemple
les charges des impositions. Bien que
d'institution divine et d'ordre spirituel,
l'Eglise a besoin de ressources maté-
rielles pour l'exercice du culte et l'entretien de ses ministres, conditions de
son existence, et, comme toute société,
elle a le droit de posséder et d'adminis-
trer ses biens dans l'intérêt de sa mission. Aux plus mauvais jours eux-

mêmes, ce droit ne lui a pas été dénié : témoin les actes du martyre de saint Laurent, qui nous le montrent distributeur des aumônes de l'Eglise romaine; témoin les sanctuaires, édifiés dans l'intervalle des persécutions, et possédés par elle (1). — Ses biens, pas plus que ceux des associations et des particuliers, ne font partie du domaine de la société séculière. Ils ont, d'ailleurs, une origine spéciale et toute facultative (offrandes des fidèles qui entendent confier leurs libéralités à des administrateurs animés des sentiments de la foi chrétienne et du respect des choses religieuses; droits dits de fabriques, accep-

---

(1) Toutefois, si l'Eglise a le droit de posséder, elle ne décline point l'action du pouvoir civil dans les réglementations qui sont de son ressort, par exemple dans la détermination des formes légales qui régissent les acquisitions, aliénations, échanges, etc. Le pouvoir civil, ayant mission de protéger et de défendre la propriété, doit être en droit de déterminer les formes qui la constatent. Mais l'exercice de ce droit ne peut être dépourvu de la bien veillance, de l'équité et de l'impartialité qui sont du devoir de toute autorité.

tés comme un moyen de subvenir aux frais du culte et à l'ornementation des temples ; — en France, où les églises ont été dépouillées de leurs anciennes dotations, produit de la location des places dans les édifices religieux, acceptée comme les redevances dont il vient d'être question, et par les mêmes motifs).

Les biens des fabriques ne peuvent donc être assimilés à ceux des établissements civils qui doivent à l'Etat leur existence, leur constitution ou leurs ressources.

Aussi, l'esprit de l'Eglise, l'origine et la destination de ses revenus avaient, de tout temps, fait adopter pour ses biens une gestion en partie familiale.

D'une part, en effet, on ne comprenait pas qu'une fabrique agît, pour la rentrée de ses revenus, avec toute la rigueur d'un comptable séculier. On reconnaissait, d'autre part, qu'une pareille rigueur eût été nuisible à ses propres intérêts, ces mêmes revenus, comme il a été dit plus haut, étant d'ordinaire facultatifs dans leur origine.

Croit-on, par exemple, que ces ressources ne seraient pas diminuées, si les locataires des places d'église devaient verser leurs redevances entre les mains d'un percepteur dont ils craindraient les poursuites? Ne verrait on pas, en ce cas, délaisser les abonnements aux bancs et chaises qui forment les revenus principaux des fabriques? Qui subirait la perte, sinon l'établissement religieux?

L'administration quasi familiale, qui vient d'être signalée, existait avant la Révolution. A cette époque, chaque fabrique faisait elle-même son règlement, et le décret du 30 décembre 1809 n'est, dans la plupart de ses articles, qu'une reproduction de règlements anciens, principalement de celui de la fabrique de Saint-Jean-en-Grève, à Paris. Cette même administration a fonctionné, au commencement de ce siècle, sous la direction des évêques (Arrêté du 29 avril 1803). Il a fallu l'esprit centralisateur, en partie religieux et en partie laïcisateur, de Napoléon Ier pour édicter le décret de 1809. Ce décret néanmoins ne

portait pas une atteinte fondamentale
au caractère spécial des fabriques. Entre
autres prescriptions, ils statuait que les
fonctions de trésorier seraient (comme
par le passé) confiées à un membre du
conseil et que ces fonctions seraient
gratuites. Mais cette disposition est sin-
gulièrement modifiée par le décret du
27 mars 1893. Obligés de reconnaître
que, dans un grand nombre de cas, on
ne pourra imposer à un membre d'un
conseil de fabrique la tenue des registres
et écritures multiples exigés d'hommes
spéciaux et la production de documents
nombreux sur papier libre ou timbré,
les auteurs du décret décident que les
fabriques pourront recourir à des comp-
tables étrangers aux conseils.

Ils prévoient même des cas où la désignation du comptable sera faite par le
préfet de concert avec le trésorier-
payeur (art. 5 et 9).

Qui donc a autorisé cette modification ? Ce n'est pas la proposition si su-
bitement et comme subrepticement introduite, en 1891, lors de la préparation
du budget de l'Etat, et hâtivement adop-

tée par l'article 78 de la loi des fi-
nances du 26 janvier 1892. Cette proposition et cette loi disposent, en effet,
simplement ce qui suit : « A partir du
« 1ᵉʳ janvier 1893, les comptes et les bud-
« gets des fabriques et consistoires
« seront soumis à toutes les règles de la
« comptabilité des autres établissements
« publics. Un règlement d'administra-
« tion publique réglera les conditions
« d'application de cette mesure. » Or,
le choix du comptable d'un établissement ne rentre pas dans les règles des
comptabilités publiques. Il en est de
même de sa désignation par le préfet et
par le trésorier-payeur, et de la fixation
de ses honoraires. Cette mesure est
même en désaccord avec l'article non
rapporté du décret de 1809, qui, comme
il a été rappelé plus haut, prévoit un
comptable pris dans le bureau des mar-
guilliers, nommé par lui, et rendant un
service *gratuit*.

Les règles de la comptabilité publique,
dit le rédacteur de la *Revue adminis-
trative du culte catholique* (Livraison
de juin 1893, p. 42), c'est *la distinction*

de l'exercice et de la gestion, — la sépara-
tion des fonctions d'ordonnateur et de
comptable, — l'obligation pour les comp-
tables de soumettre les comptes au juge-
ment des conseils de préfecture et de la
Cour des comptes. Le choix du comptable n'est donc pas une règle de la
comptabilité publique.

Il se rencontre encore, dans le décret du
27 mars 1893, d'autres mesures en désaccord avec la législation ou avec les règles
de la comptabilité publique, comme le
dépôt entre les mains du comptable des
fonds et valeurs (art. 10 et 11) qui d'après
le décret de 1809, doivent être renfer-
més dans l'armoire aux trois clefs (1), le
serment imposé aux Trésoriers-Mar-
guilliers (art. 16), l'intervention minis-
térielle, en certains cas, pour le règlement des budgets (art. 22), l'adjonction

---

(1) Par suite du dépôt dans la caisse d'un
comptable spécial, les intérêts de fabriques
seront-ils mieux garantis contre un caissier
infidèle? Dans ce cas, en effet, ce ne serait
qu'en troisième lieu, après l'Etat et les communes, que les établissements religieux pourraient intervenir.

aux comptes des fabriques des recettes personnelles effectuées par les membres du clergé et les employés des églises, à l'occasion des cérémonies religieuses (art. 26), la déclaration des membres des fabriques qu'il n'existe, à leur connaissance, des recettes autres que celles mentionnées au compte (art. 25), etc.

Que nous sommes loin non seulement du décret de 1809, mais encore du sens de la proposition adoptée par les pouvoirs législatifs et du sens des paroles ministérielles prononcées à son sujet dans les Chambres !

Cette proposition a été reproduite ci-dessus. — Qu'ajoutait son auteur, M. César Duval, dans le discours qu'il prononçait à la Chambre des députés, le 15 décembre 1891 ? « Je ne propose au-
« cune modification dans le *fonctionne-*
« *ment* des conseils de fabriques. Je de-
« mande simplement que les *trésoriers*
« exercent leurs fonctions d'une ma-
« nière régulière, qu'ils tiennent une
« comptabilité qu'on puisse contrôler,
« ce qui actuellement n'est pas possible,
« qu'on sache à quoi s'en tenir sur

« les ressources des fabriques et con-
« sistoires, et sur l'emploi qu'on en
« fait... »

Au Sénat, quelle réponse le ministre
des Cultes (M. Fallières) donnait-il, le
9 janvier 1892, à M. Lucien Brun ?
« S'il y a quelques difficultés pratiques,
« que nous ne nions pas, elles ont été
« prévues. L'article ne consacre qu'un
« principe, celui du recours à *certaines*
« *règles* de la comptabilité publique...
« Par conséquent ce que vous aurez à vo-
« ter si vous acceptez l'article, c'est le
« principe qu'en ce qui concerne, non
« pas la préparation du budget, j'insiste
« sur ce point, mais le règlement des
« comptes, le Conseil d'Etat sera ap-
« pelé à appliquer, *dans la mesure du*
« *possible, bien entendu*, les règles de la
« comptabilité publique... L'honorable
« M. Lucien Brun semble croire que, si
« cet article venait à être voté, la légis-
« lation de 1809 sur les fabriques serait
« profondément modifiée. Il n'en est
« rien, et si cette conséquence était pos-
« sible, je me joindrais à lui pour de-
« mander le rejet de la disposition ; ce

« n'est pas, en effet, par voie de prété-
« rition qu'on peut abroger les disposi-
« tions formelles de la loi de 1809. L'ar-
« ticle qui est en discussion vise simple-
« ment l'apurement des comptes. »

Rencontre-t-on dans la proposition adoptée, dans les développements donnés par son auteur, dans les déclarations ministérielles, la base de toutes les dispositions contenues au décret de 1893. et ne serait-il pas permis de regarder ce décret comme entaché d'excès de pouvoir ? La Cour des comptes ne serait-elle pas de cet avis, si on lui déférait. par exemple, le refus d'une fabrique d'ajouter à son compte celui des honoraires perçus par les curés ou officiers des églises ?

Nous voici donc en présence d'une disposition législative, introduite *à la dernière heure*, comme le reconnaissait M. Ernest Boulanger dans son rapport au Sénat, et hâtivement adoptée ; en présence d'un décret qui a outrepassé la portée de cette disposition, et se trouve, sur plusieurs points, en désaccord avec des prescriptions qu'on ne

pouvait point abroger *par voie de pré-
térition*. De plus ce décret peut avoir
des conséquences funestes.

1° Que comprendraient aux dépenses
des fabriques des receveurs francs-
maçons, juifs ou protestants? Et il peut
s'en trouver parmi les receveurs qui
seraient imposés à ces établissements.
N'est-il pas à craindre que, s'ils sont
militants, ils ne se permettent de dé-
verser le dédain sur les choses les plus
saintes, sur des dépenses tenant à des
croyances ou à un symbolisme qu'ils
sont incapables d'apprécier, et qu'ils
détournent les paroissiens de concou-
rir aux frais du culte ?

2° Obligés de traiter avec un receveur
gagé plus pressant qu'un trésorier de
fabrique, avec un percepteur dont les
poursuites sont redoutées, que feront
les populations? N'est-il pas à craindre
que non seulement elles délaissent
leurs abonnements aux places des églises
comme il a été remarqué plus haut,
mais encore que, par suite, elles dimi-
nuent le nombre de leurs assistances
aux offices, les hommes surtout répu-

gnant à se trouver dans la nécessité d'y rechercher leurs places? N'apporterait-on pas une plus grande réserve dans le choix des cérémonies donnant lieu à des droits de fabrique, afin de ne pas s'exposer aux instances menaçantes du receveur? Les fidèles qui n'entendent pas soumettre leurs libéralités au prélèvement que recevrait un comptable rétribué ne seraient-ils pas plus restreints dans leurs offrandes? En raison des remises obtenues par le receveur, les revenus des fondations ne seraient-ils pas diminués et rendus insuffisants?

De là, un détriment spirituel et matériel.

On donne comme motif des mesures nouvelles l'intérêt des communes, qui doivent, en certains cas, pourvoir à l'insuffisance des ressources fabriciennes. N'aurait-on pas, au contraire, agi contre cet intérêt, en provoquant, sans s'en douter, une diminution dans les ressources des églises?

Les législateurs et gouvernants antérieurs ont procédé avec plus de circonspection. A différentes époques, il

est vrai, ils se sont préoccupés de la législation sur les fabriques ; mais ils ont
pris des renseignements, institué des
commissions composées d'hommes com-
pétents, ils y ont appelé des Évêques,
ils ont soumis leurs projets à des exa-
mens sérieux, et ils sont arrivés à cette
remarque consignée dans l'exposé des
motifs d'un projet gouvernemental de
1880. « Le décret du 30 décembre 1809
« n'a pas établi de contrôle pour la
« comptabilité des deniers fabriciens.
« Il n'a pas été depuis lors fait applica-
« tion à cette comptabilité spéciale des
« dispositions légales qui ont placé la
« comptabilité des communes et des éta-
« blissements publics sous la juridic-
« tion des conseils de préfecture et de
« la Cour des comptes. *Cette exception*
« *semble tenir à la nature des choses*, car
« ce n'est qu'après avoir essayé, à
« maintes reprises, de la ramener sous
« l'empire des règles du droit com-
« mun que les gouvernements qui se
« sont succédé depuis la Restauration y
« ont renoncé ». (*Journal officiel* du
9 juin 1880).

Que conclure, sinon que le décret du 27 mars 1893 : 1° outrepasse la portée de la proposition de **M.** César Duval et de la disposition législative qui l'a adoptée ; 2° que l'application complète de ce décret serait contraire aux intérêts des fabriques et des communes elles-mêmes ; 3° qu'il demande une sérieuse révision destinée à le mettre en rapport avec le texte et l'esprit du décret de 1809, et à déterminer les conditions d'une application n'excédant pas *la mesure du possible*.

OBSERVATIONS

annexées à l'étude sur le décret du 27 mars 1893, relatif à la comptabilité des fabriques des églises.

Depuis le commencement de ce siècle, l'Église a eu fréquemment l'occasion de se plaindre des mesures adoptées par le pouvoir civil dans les choses qui la concernent. Qu'il soit permis de rappeler ici quelques-uns des faits.

1° Le Concordat, longuement débattu et enfin adopté, d'un commun accord entre le Saint-Siège et le pouvoir séculier, a été dénaturé par une des parties contractantes qui a inséré, *à elle seule*, dans les articles dits organiques, des dispositions formellement rejetées par le représentant du Saint-Siège et abandonnées, en apparence, par le premier consul. L'origine frauduleuse des articles organiques n'empêche pas, aujourd'hui encore, l'autorité civile de vouloir les considérer comme faisant partie du Concordat, bien que les Souverains Pontifes aient, dès le début et dans la suite. formulé leurs réclamations.

2° Par le décret très illégitime des 2-4 novembre 1789, les biens ecclésiastiques avaient été mis à la disposition de la Nation, à la charge de pourvoir d'une manière convenable aux frais du culte, à l'entretien de ses ministres et au soulagement des pauvres. C'était au moyen d'une dotation en rentes, inscrites au nom des cures, que, d'après ce même décret, devaient être assurés leurs revenus annuels. Mais, au cours des négociations du Concordat, le premier consul tint à convertir cette dota-

tion en un traitement *convenable*. Qu'est
devenu ce traitement? Il a été ramené
récemment, pour les Évêques, au chiffre
du commencement de ce siècle, comme
si un traitement alors suffisant l'était
encore aujourd'hui. Pour un certain
nombre de membres du clergé, il a été
suspendu ou supprimé, comme s'il était
permis à un débiteur de s'affranchir,
sans bourse délier, à l'égard de son
créancier. Que diraient MM. les législateurs et gouvernants si leurs débi-
teurs, sous prétexte qu'ils sont mécon-
tents d'eux, refusaient de satisfaire à
leurs engagements?

3° Les biens ecclésiastiques *ayant été
mis à la disposition de la Nation* par le
décret précité, le pouvoir civil a conclu
de ces expressions que la Nation était de-
venue propriétaire de ces biens. Or, par
son article 12, le Concordat a statué que
toutes les églises métropolitaines, ca-
thédrales, paroissiales et autres, néces-
saires à l'exercice du culte, *seraient
mises à la disposition des Évêques*. (Évi-
demment ces derniers n'étaient désignés
que comme représentant l'ordre ecclé-

siastique.) Dans l'un et l'autre cas, les expressions *mis à la disposition* devaient avoir le même sens, celui d'une attribution de propriété. Il n'en a point été ainsi, et, malgré des sentences de tribunaux, de la Cour de cassation elle-même, l'administration a rejeté l'assimilation. Elle a transféré la solution aux tribunaux administratifs qui ont attribué soit à l'État soit aux communes la propriété des églises.

4° Le Concordat n'a fait l'abandon que des biens aliénés, en constatant l'engagement du Saint-Siège de ne pas inquiéter les acquéreurs de ces biens, ni leurs ayant cause (art. 13). Cette concession restreinte n'a pas empêché l'autorité civile d'attribuer aux communes la propriété des presbytères et de leurs dépendances, et fréquemment nous voyons des parties de ces dépendances distraites pour un service municipal.

5° Le Concordat stipulait, en outre, que le Gouvernement prendrait des mesures pour que les catholiques français pussent faire des fondations en faveur des églises (art. 15). Aucune exception n'était formulée. Néanmoins, il fut établi par l'article 73 des articles organiques que ces fondations ne pourraient consister qu'en rentes sur l'État. — La loi du 2 janvier 1817, revenant sur cette exception, reconnaît aux établissements ecclésiastiques la faculté de recevoir ou d'acquérir des biens meubles et immeubles. Mais actuellement les autorisations ne peuvent plus être obtenues, en ce qui concerne les immeubles.

6° La loi de germinal an X (art. 76) et le décret du 30 décembre 1809 (art. 1er) disposent : « Il sera établi des fabriques pour veiller à l'entretien et à la conservation des temples et *à la distribution des aumônes*. A une époque peu éloignée encore, un avis motivé du Conseil d'État avait reconnu, en conséquence, le droit des fabriques à recevoir des dons et legs pour *distribution d'aumônes*. Les curés étaient aussi admis à recevoir des libéralités de cette nature. Le droit dont il s'agit est dénié par la jurisprudence de notre époque.

Quel avantage en recueillent les pauvres, surtout les pauvres honteux qui n'osent livrer leurs noms à des commissions? Croit-on que la générosité des personnes charitables n'a pas été restreinte par la mesure nouvelle?

7° Moyennant l'accomplissement de formalités de plus en plus nombreuses et une production de documents fatigante pour les bienfaiteurs ou leurs ayant cause eux-mêmes, les fabriques pouvaient recevoir certains dons et legs, sans l'avis préalable des conseils municipaux; la loi du 5 avril 1884 exige cet avis, et on voit des municipalités refuser, sans motifs, un avis favorable. On voit ensuite l'administration supérieure hésiter ou fléchir devant leur opposition par la crainte de les froisser.

8° Les dons et legs faits aux communes peuvent être acceptés par les maires, en vertu d'une délibération municipale, avant l'autorisation du chef de l'État ou du préfet, et, cette autorisation accordée, l'acceptation obtient son effet à partir du jour où elle a eu lieu (loi municipale de 1837, art. 48).

Pour les fabriques, il en est autrement, de telle sorte que, si un donateur venait à décéder ou à révoquer sa disposition avant l'obtention de l'autorisation, qui demande un laps de temps assez long, et avant l'acceptation définitive qui doit la suivre, la donation deviendrait caduque. Pourquoi cette différence?

9° D'après le décret du 6 novembre 1813, les curés ne sont tenus à l'égard des presbytères qu'aux réparations locatives, *les autres étant à la charge de la commune*, et l'abbé André, dans son cours de législation civile ecclésiastique, signale un arrêt rendu le 20 décembre 1835 par la Cour de Paris, déclarant que *la commune est tenue aux grosses réparations des églises et presbytères, sans que la fabrique ait à justifier de l'insuffisance de ses ressources.* N'est-il pas juste, en effet, qu'il en soit ainsi, du moment où les communes sont dites propriétaires des églises et presbytères? Le Code civil n'oblige-t-il pas les propriétaires aux grosses réparations? Sur ce point, l'administration a encore introduit une jurisprudence contraire, qui a été confirmée par la loi municipale de 1884.

10° D'après la même loi, les comptes et budgets des fabriques sont soumis à l'examen et à l'avis des conseils municipaux. Mais, la plupart du temps, ces conseils sont-ils bien aptes à apprécier les besoins du culte, la nécessité ou l'utilité de l'ornementation des églises, qui est un de ces besoins et une des obligations principales imposées aux fabriques par le décret de 1809 (art. 37, § 3)? S'imaginant que ce n'est point un avis, mais une approbation qu'ils ont à donner, ne les voit-on pas, de leur propre mouvement ou sous l'influence d'hommes hostiles, rejeter des dépenses fabriciennes projetées, même au moyen de fonds libres ou d'offrandes spéciales? prétendre, en outre, que des dépenses purement intérieures, effectuées aux frais de personnes pieuses, doivent leur être soumises ? Dans certaines paroisses, ce sont des entraves incessantes, qui semblent avoir pour but d'amoindrir ou d'annihiler tout ce qui tient au culte et au sentiment religieux.

Là encore, les administrations supérieures, toujours pleines d'égards pour les municipalités, demeurent le plus souvent embarrassées, incertaines ou fléchissantes. Que peuvent gagner les communes elles-mêmes à ces attitudes décourageantes pour les fabriques et pour les catholiques généreux? Afin d'éclairer les communes sur la situation des établissements religieux, lorsqu'ils demandent leur concours, n'était-il pas suffisant, comme il se pratiquait précédemment, d'exiger le dépôt annuel de leurs comptes aux mairies, et, en cas de recours, celui des budgets? Le maire, qui représente la commune dans les conseils de fabrique, ne pouvait-il renseigner au besoin? Fallait-il, comme l'a fait la loi de 1884, soumettre chaque année les documents de la comptabilité fabricienne à l'examen d'hommes à vues assez souvent étroites et intéressées, quelquefois irréligieux et hostiles? Fallait-il surtout agir ainsi à une époque où les autorités administratives se montrent trop soucieuses de ne pas déplaire aux municipalités?

Que n'aurait-on pas à dire si on voulait examiner les questions, sous d'autres rapports, rappeler — les mesures désastreuses contre les congrégations religieuses, aggravées encore par les instructions de l'administration, lorsque tous les Français sont déclarés égaux devant la loi, — les lois scolaire et militaire, — la suppression des processions, valable quand elle résulte d'un arrêté du maire *seul*, mais que son successeur ne peut rapporter *à lui seul*, malgré les réclamations des populations, —l'aliénation radicalement nulle des biens des *prétendues* menses épiscopales, et l'attribution aux évêchés, comme étant de mense, du prix de ces biens donnés ou légués avec des affectations déterminées, approuvées par le pouvoir civil lui-même (double usurpation, l'État n'ayant jamais eu la propriété des immeubles dont il s'agit), etc... ?

Mais l'objet principal de cette étude a été l'examen de la situation actuelle des fabriques. Il faut donc s'arrêter.

Quelle conclusion déduire de ce qui

précède? C'est que l'Église est pour-
suivie par une puissance extragouver-
nementale, qui tend à sa destruction,
comme elle le dit nettement aujour-
d'hui. Cette puissance ne réussira pas,
car Dieu est avec l'Église. Mais est-il
dans le droit des législateurs et des
gouvernants, qui ont reçu l'autorité
pour protéger et défendre ce qui est en
conformité avec la justice, de suivre
des inspirations sectaires?

UN ABONNÉ DU JOURNAL *le Monde.*

Paris. — F. Levé, imprimeur de l'Archevéché
rue Cassette, 17